发现更多·4+

海豚

[美]佩内洛普·阿隆
[美]托里·高登–哈里斯/著
张修源/译

天津出版传媒集团

新蕾出版社

如何阅读互动电子书

在开始之前，请你先来了解一下如何使用互动电子书，这可以帮助你获得更多的阅读乐趣。

海豚救生员的故事

《海豚》互动电子书

HOLASTIC discover more!

阅读海豚英雄的故事

有趣的活动

默克和鲸鱼们

默克是一只很友善的海豚，人们经常看到它在新西兰的海岸附近畅游。

返回

新西兰

2008年3月的一天，一只鲸鱼妈妈和它的宝宝被困在了海岸和浅沙洲之间的浅滩中。

有多少只海豚？

返回

有多少只逆戟鲸？ 6 9 7

有多少只斑海豚？ 7 10 8

有多少只海豚？ 9 12 7

下一页

精彩的视频

奇妙的声音

更多知识、更多乐趣、更多互动，
尽在《海豚救生员的故事》！
登录新蕾官网www.newbuds.cn，下载你的互动电子书吧！

目录

4   跳跃的海豚

6   水生哺乳动物

8   超级感官

10   游泳健将

12   群居生活

14   照顾幼崽

16   和睦相处

18   一起玩耍一起嗨！

20   开饭喽！

22   集体捕猎

24   巨大的逆戟鲸

26   河中生活

28   海豚和我们

30   词汇表

32   索引

跳跃的海豚

你有没有见过海豚在水中跳跃、翻转？世界上一共有42种海豚，它们都聪明又优雅。

大 和小

逆戟鲸，也叫虎鲸，是最大的海豚，体长可达9.8米。

最小的海豚是毛依海豚，体长只有1.2米，生活在新西兰沿海。

普通身高的男子

各种海豚

长吻原海豚

花斑原海豚

宽吻海豚

真海豚

海豚在水面跳进跳出
只是为了玩耍。

宽吻海豚

暗黑斑纹海豚

伪虎鲸

贺氏矮海豚

康氏矮海豚

水生哺乳动物

海豚虽然看起来像鱼，但其实是生活在水中的哺乳动物。

所有的哺乳动物都要在空气中呼吸，海豚也需要游到海面上来呼吸。

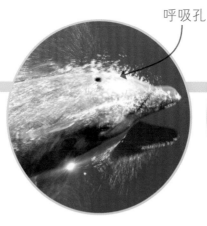

呼吸孔

和绝大多数哺乳动物一样，海豚也是胎生的，也用母乳哺育幼崽。

海豚通过呼吸孔来呼吸，而不是用嘴。

哺乳动物都是恒温动物，在冰冷的海水中也能保持体温恒定。

海豚在水下能够关闭呼吸孔。

瞌睡虫

海豚并不能进行真正意义上的睡觉。海豚能够让自己的半个大脑休息，同时让另外半个大脑维持呼吸和警觉。

超级感官

海豚是很聪明的动物，它们有强大的感官和超大的大脑，能灵敏地感知周围环境。

超级灵敏

海豚的大脑与身体的相对比例很大，这说明海豚是一种很聪明的动物。它们的大脑甚至比人类的还要大。

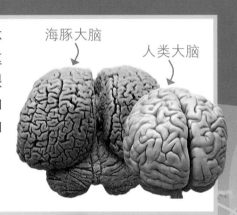

海豚大脑

人类大脑

海豚能发出超声波，超声波遇到猎物等物体就会反射回来，海豚据此判断猎物的位置。这就是回声定位。

鱿鱼（海豚喜爱
的食物之一）

大部分海豚的视力
无论在水里还是在
空气中都很好。

海豚的皮肤虽然
厚，但是很灵敏，它
们经常用互相触碰
的方式"交谈"。

海豚不能闻味，但是
可以品尝味道。它们
和我们一样，也有最
爱吃的食物。

海豚通过回声定位
来寻找食物。

游泳健将

海豚的身体非常适合在水中生活和移动。

看看体内结构

与陆地动物相比，海豚的骨骼更加多孔而有弹性，所以海豚的身体更轻，在水中不会下沉。海豚的皮肤比你的皮肤要厚10倍，还有一层很厚的鲸脂，能很好地保持体温。

海豚游泳的速度比游得最快的人还要快5倍！

因为拥有推力强大的尾巴，海豚能够在海面上"站"起来。

尾巴上下拍打，能推动海豚前进。

背上的背鳍能帮助海豚保持平衡，防止身体在水中侧翻。

群居生活

海豚群集在一起生活，群体中的成员共同协作，哺育幼崽。

群体联合起来可以成为超级群。这个超级群正在欢快地跳跃（海豚跳），也可能正一边跳跃一边集体旅行。

每个群体通常有15~20只海豚。

群体成员们互相帮助，寻找食物。

雌海豚会帮助照顾刚出生的幼崽。

危险！

大白鲨是大多数海豚最主要的敌人。海豚对付大白鲨的办法是用吻突从下向上撞击大白鲨。

如果一只海豚受伤了，群体里的其他成员就会来帮它。

海豚通过滴答声和哨声互相交流。

海豚喜欢和同伴玩耍。

照顾幼崽

小海豚在水下出生，它们一生下来就能游泳。

海豚妈妈和年长些的小·海豚会教授新出生的小·海豚如何玩耍、捕猎。

宝宝待在妈妈身边。

小海豚一出生，就被妈妈托到海面上来呼吸。

当海豚妈妈去觅食的时候，群体中的"临时保姆"（其他年轻雌海豚）会来照顾海豚宝宝。

小海豚至少要吃18个月的母乳。

雌海豚长到8岁时就可以有自己的宝宝了。

美味的乌贼

6个月后，海豚妈妈就会教给小海豚如何自己捕食。

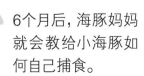

和睦相处

海豚有自己的语言, 它们用滴滴声、吱吱声和像口哨一样的叫声来交流。

16

每只宽吻海豚都有属于自己的声音，群体内的其他成员会用这个特殊的声音来呼唤它，似乎那就是它的名字。

和其他大部分动物不同的是，海豚知道谁是自己的朋友，甚至能认出镜子中自己的影像。

海豚会冲出水面，在空中跳跃，以此炫耀并引起其他海豚的注意。

海豚喜欢互相触碰，就像人类的握手和拥抱。

海豚是海洋中叫声响亮的动物之一。

一起玩耍一起嗨！

海豚喜欢玩耍，它们在海中戏水，就像我们在游泳池里玩儿水一样。

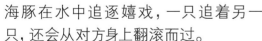

这些海豚正在玩儿冲浪。

海豚在水中追逐嬉戏，一只追着另一只，还会从对方身上翻滚而过。

一团海草可是玩儿抓捕游戏的好道具。海豚喜欢把海里的各种东西当作玩具。

海豚在水下呼气就能弄出气泡，吹泡泡也是它们爱玩儿的游戏。

和我们一样，海豚也有不同的性格，有的爱炫耀，有的则非常羞怯。

开饭喽!

海豚是肉食动物,它们只吃肉。它们都是优秀的猎手,很少有动物敢攻击它们。

海豚会把头猛地伸出水面四下张望,这被称为"侦察跳跃",能帮助海豚定位猎物。

海豚最爱的小吃

鱿鱼　　　　　凤尾鱼　　　　　螃蟹　　　　　鲭鱼

海豚有多达220颗小而锋利的牙齿，能牢牢咬住滑溜溜的鱼和乌贼。

海豚会把食物囫囵吞下，或者咬住后猛甩头，把食物撕下来吃。

集体捕猎

海豚有时独自捕猎，但是集体捕猎时成功率更高。

一群海豚围着一大群鱼游动，把鱼群赶成一个密实的"鱼球"。

海绵

群体成员分享捕食技巧，它们会用海绵来保护自己的吻突不被锋利的石头划破。

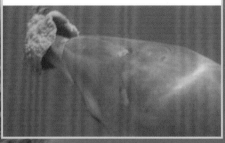

这些宽吻海豚正在游往海滨追赶鱼。它们在浅水区更容易抓到鱼。

鱼群已在掌控之中了，海豚们便轮流上前大快朵颐。

有些海豚会和渔民一起把鱼往渔网里赶。作为回报，它们也能分到一杯羹。

巨大的逆戟鲸

逆戟鲸是世界上最大的海豚，也是海中最优秀的猎手。

逆戟鲸有多达52颗牙齿，每一颗都有10厘米长。

冰冷的海浪

企鹅和海豹也许觉得漂浮的冰山是一个安全的地方，但是聪明的逆戟鲸会在冰山周围上蹿下跳，让激起的海浪把猎物从冰山上掀下来。

饥饿的逆戟鲸

体形更大的动物也能成为逆戟鲸的食物。

抹香鲸

企鹅

海豹

为了捉到岸上的海豹，这些大家伙几乎搁浅在海滩上。

不幸的海豹

河中生活

淡水河流中生活着3种淡水海豚。

生活在南美洲亚马孙·河中的亚马孙·河豚可能是粉色的。

淡水海豚要比海洋中的海豚体形小，但是淡水海豚的吻突更长。

它们在浑浊的水中无法看清猎物，所以它们靠回声定位来捕猎。

淡水海豚独自或结成小群体生活。

淡水海豚少有天敌，但是巨大的蟒蛇有时候会捕食亚马孙河豚。

海豚和我们

几千年来，海豚和人类形成了一种特殊的友谊。

在古代，海豚被人们视为海洋的保护神，世界各地都有海豚救助迷航或失事船只的传说故事。

海豚能表现出悲伤、
开心·或兴奋。

对海豚来说，最
大的危险就是被
渔网缠住。

人类也是海豚的最大威胁。

过度捕捞夺走了海豚
的食物，水污染也导
致某些海豚消失不
见。

但是也有关于海豚的
好消息。最近，人们
在澳大利亚发现了海
豚的一个新种——澳
大利亚宽吻海豚。

词汇表

搁浅
鱼（或船）进到水浅的地方，不能游走（或行驶）。

呼吸孔
位于海豚头顶的开口，是海豚的呼吸通道。

鲸脂
海豚、鲸或海豹等海洋动物的皮下脂肪。

幼崽
海豚、牛、象等哺乳动物的幼体。

肉食动物
以肉类为食的动物。

背鳍
鱼类背部的鳍。

回声定位
动物在黑暗中或在水下找到（或确定）食物等物体的一种方法，即动物主动发出的声波由于遇到物体而反弹回来（回声），动物依据接收到的回声来确定物体的位置。

淡水
不含盐或含盐量很少的水体。大多数河流里的水是淡水，而海洋里的水是咸水。

冰山
漂浮在海洋上的大块浮冰。

哺乳动物
用肺呼吸，用乳汁哺育幼崽的动物。人和海豚都是哺乳动物。

过度捕捞
人类捕捞了过多的鱼，导致海洋中剩余的鱼类种群不足以繁殖和补充种群数量。

海豚跳
海豚等特有的、在水面短距离跳进跳出的行进动作。

猎物
被其他动物当作食物捕捉到的动物。

吻突
动物头部向前端突起的较长部分。海豚的吻突包括嘴和上下颌。

侦察跳跃
把头高高探出水面的动作。海豚用这种方式观察周围情况或寻找食物。

威胁
能导致危险的东西或情况。

恒温动物

能保持温暖而体温恒定的
动物。哺乳动物是恒温动
物，即使环境温度发生变
化，哺乳动物的体温也保持
不变。

索引

A
澳大利亚 29
澳大利亚宽吻海豚 29
B
背鳍 11
冰山 24
捕猎 14, 22, 27
哺乳动物 6, 7
C
超级群 12
吃 9, 15, 20, 21
出生 14, 15
触碰 9, 17
传说 28
吹泡泡 19
聪明 4, 8, 24
长吻原海豚 4
D
大脑 7, 8

淡水海豚 26, 27
敌人 13
F
凤尾鱼 21
G
感官 8
搁浅 25
骨骼 10
过度捕捞 29
H
海豹 24, 25
海绵 23
海豚妈妈 14, 15
海豚跳 12
贺氏矮海豚 5
恒温动物 7
呼吸 6, 7, 15
呼吸孔 7
虎鲸 4
花斑原海豚 4

回声定位 8, 9, 27
J
交流 13, 16
交谈 9
鲸脂 10
K
康氏矮海豚 5
宽吻海豚 4, 5, 17, 23
L
猎物 8, 20, 24, 27
临时保姆 15
M
蟒蛇 27
毛依海豚 4
抹香鲸 25
N

南美洲 26
逆戟鲸 4, 24, 25
P
螃蟹 21
皮肤 9, 10
品尝 9
Q
企鹅 24, 25
鲭鱼 21
群体 12, 13, 17, 23, 27
R
人类 8, 17, 28, 29
肉食动物 20
S
食物 9, 12, 21, 25
视力 9

受伤 13
睡觉 7
T
跳跃 4, 12, 17
W
玩具 18
玩耍 5, 13, 14, 18
威胁 29
伪虎鲸 5
尾巴 11
闻味 9
吻突 13, 23, 27
X
新西兰 4
羞怯 19
炫耀 17, 19
Y

牙齿 21, 24
亚马孙河豚 26, 27
鱿鱼 9, 21
游泳 10, 11, 14
幼崽 7, 12, 14
鱼 6, 21, 22, 23
鱼群 22, 23
Z
侦察跳跃 20
真海豚 4
嘴 7
最大的海豚 4, 24
最小的海豚 4

图书在版编目 (CIP) 数据

海豚 / (美) 佩内洛普·阿隆 (Penelope Arlon),
(美) 托里·高登-哈里斯 (Tory Gordon-Harris) 著;
张修源译. -- 天津: 新蕾出版社, 2019.1
（发现更多. 4+）
书名原文: Dolphin
ISBN 978-7-5307-6658-3

Ⅰ. ①海… Ⅱ. ①佩… ②托… ③张… Ⅲ. ①海豚—
儿童读物 Ⅳ. ① Q959.841-49

中国版本图书馆 CIP 数据核字 (2017) 第 296965 号

Dolphins
Copyright © 2014 by Scholastic Inc.
Simplified Chinese translation copyright © 2019 by New Buds Publishing House (Tianjin)
Limited Company
SCHOLASTIC, SCHOLASTIC Discover More and associated logos are trademarks and/or
registered trademarks of Scholastic Inc.
Published by Scholastic Inc. as SCHOLASTIC Discover More™
ALL RIGHTS RESERVED
津图登字: 02-2015-236

书　名　海豚 HAITUN
出版发行　天津出版传媒集团
　　　　　新蕾出版社
　　　　　http://www.newbuds.cn
地　址　天津市和平区西康路 35 号（300051）
出版人　马梅
电　话　总编办 (022)23332422
　　　　　发行部 (022)23332679 23332677
传　真　(022)23332422
经　销　全国新华书店
印　刷　天津长荣云印刷科技有限公司
开　本　787mm × 1092mm 1/16
印　张　2
版　次　2019 年 1 月第 1 版 2019 年 1 月第 1 次印刷
定　价　29.80 元

著作权所有，请勿擅用本书制作各类出版物，违者必究。
如发现印、装质量问题，影响阅读，请与本社发行部联系调换。
地址：天津市和平区西康路 35 号
电话：(022)23332677 邮编：300051

鸣谢
出版者感谢下列机构和个人允许使用他们的图片。

Photography and artwork credits 1: blickwinkel/Alamy Images; 2tr: Paul Airs/Alamy Images;3:iStockphoto/Thinkstock; 4 - 5 (dolphins leaping): Mike Hill/Alamy Images; 4 (orca): MichaelPrice/iStockphoto; 4 (Maui's dolphin): Jon Hughes; 4bl, 4bcl:iStockphoto/Thinkstock; 4bcr: MichaelPrice/iStockphoto; 4br: jamenpercy/iStockphoto; 5bl: ad_doward/iStockphoto; 5bcl: Protected Resources Division, Southwest Fisheries Science Center, La Jolla, California/Wikipedia; 5bcr: James Shook/Wikipedia; 5br: Kirsten Wahlquist; 6 - 7 (dolphins with fish): Stephen Frink Collection/Alamy Images; 6 (smiling dolphin): Paul Airs/Alamy Images; 7tl: anthonycake/iStockphoto; 7tc: serengeti130/iStockphoto; 7tr: aragami123345/iStockphoto; 7br: urosr/iStockphoto; 8 - 9 (dolphin hunting): Image Source/Alamy Images; 8 (brains): Boksi/State Museum of Natural History Stuttgart/Wikipedia; 8 (octopus): Tammy616/iStockphoto; 9tl: ViewApart/iStockphoto; 9tc: szgogh/iStockphoto; 9tr (background): Peter Schinck/Fotolia; 9tr (squid): Dansin/iStockphoto; 10 - 11 (dolphin swimming): blickwinkel/Alamy Images; 10bl: Thierry Berrod, Mona Lisa Production/Science Source; 11tr: brightstorm/iStockphoto; 11cr: Becart/iStockphoto; 11br: vixdw/iStockphoto; 12 - 13 (superpod): DavidMSchrader/iStockphoto; 12bl: A7880S/Shutterstock; 12bc: Willyam Bradberry/Shutterstock; 12br: DebraMcGuire/iStockphoto; 13tr: Michael Patrick O'Neill/Science Source; 13bl: Gennadiy Poznyakov/Fotolia; 13bc: skynesher/iStockphoto; 13br: Angus/Fotolia; 14: Willyam Bradberry/Shutterstock; 15tr: skynesher/iStockphoto; 15tc: DebraMcGuire/iStockphoto; 15cr: Jeff Kinsey/Fotolia; 15cr: Antonio_Husadel/iStockphoto; 15cb: Tammy616/iStockphoto; 16 - 17 (dolphins talking): Frans Lanting, Mint Images/Science Photo Library/Science Source; 17tr: Fuse/Thinkstock; 17cr: Aleksandr Lesik/Fotolia; 17br: Nichols801/iStockphoto; 18 - 19 (dolphins surfing): blickwinkel/Alamy Images; 18bl: Aleksandr Lesik/Fotolia; 18br: George Karbus Photography; 19bl: Angel Fitor/Science Photo Library/Science Source; 19br: emilywineman/iStockphoto; 20: iStockphoto/Thinkstock; 21tl (background): Peter Schinck/Fotolia; 21tl (squid): Lunamarina/iStockphoto; 21tcl: Nikontiger/iStockphoto; 21tcr (background): crisod/Fotolia; 21tcr (crab): JustineG/iStockphoto; 21tr (background): Peter Schinck/Fotolia; 21tr (mackerel): PicturePartners/iStockphoto; 22 - 23: Alexis Rosenfeld/Science Photo Library/Science Source; 22 - 23 (dolphins hunting): Christopher Swann/Science Photo Library/Science Source; 23 (sponge): AndreasReh/iStockphoto; 23tr: Janet Mann, National Academy of Sciences/AP Images; 23cr: czardases/Fotolia; 23br: Timothy Allen; 24 - 25 (orca hunting): Wildlife GmbH/Alamy Images; 24bl: Wildlife; 24tr: wwing/iStockphoto; 25tl: Gabriel Barathieu/Flickr/Wikipedia; 25tc: flammulated/iStockphoto; 25tr: Photoart-Sicking/iStockphoto; 26 - 27 (Amazon River dolphin): Mark Carwardine/Peter Arnold/Getty Images; 27tl: dennisvdw/iStockphoto; 27tc: Dennis Otten/Wikipedia; 27tr: Mark Smith/Science Source; 28 - 29 (dolphin and swimmer): Alexis Rosenfeld/Science Photo Library/Science Source; 28bl: iStockphoto/Thinkstock; 29tr: SteveDF/iStockphoto; 29cr: Mark Carwardine/Minden Pictures; 29br: Adrian Howard/Monash University, School of Biological Sciences; 30 - 31: iStockphoto/Thinkstock.Cover creditsFront cover: (tr) iStockphoto/Thinkstock; (tl) hdere/iStockphoto; (dolphins l, c) Stephen Frink/Getty Images; (dolphin r) Brandon Cole Marine Photography; (water) AndreyKuzmin/Dreamstime; (splash) Emevil/Dreamstime; (backgroundicon)Bluedarkat/Dreamstime.Back cover: (computer monitor) Manaemedia/Dreamstime.